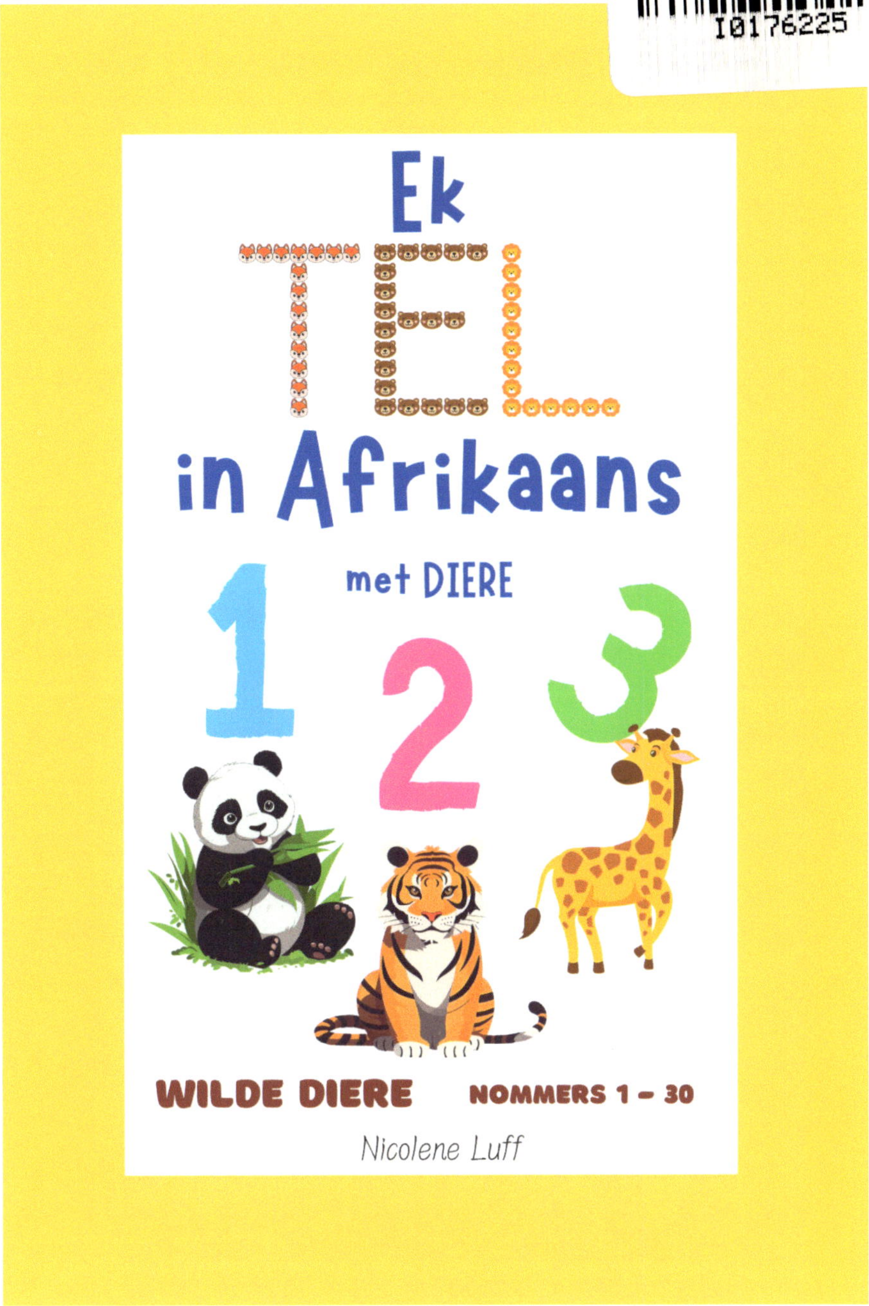

Ek TEL in Afrikaans
met DIERE

1 2 3

WILDE DIERE   **NOMMERS 1 – 30**

Nicolene Luff

Copyright © 2024 by Nicolene Luff
All rights reserved.

ISBN: 979-8-9923945-1-1

Copyright © 2024 by Nicolene Luff
All rights reserved.

No part of this publication may be reproduced, distributed, or transmitted in any form or by any means, including photocopying, recording, or other electronic or mechanical methods, without the prior written permission of the publisher, except as permitted by U.S. copyright law. For permission requests, contact Nicolene Luff at nicoleneinafrikaans@gmail.com.

The story, all names, characters, and incidents portrayed in this production are fictitious. No identification with actual persons (living or deceased), places, buildings, and products is intended or should be inferred.

This publication is designed to provide accurate and authoritative information in regard to the subject matter covered. It is sold with the understanding that neither the author nor the publisher is engaged in rendering legal, investment, accounting or other professional services. While the publisher and author have used their best efforts in preparing this book, they make no representations or warranties with respect to the accuracy or completeness of the contents of this book and specifically disclaim any implied warranties of merchantability or fitness for a particular purpose. No warranty may be created or extended by sales representatives or written sales materials. The advice and strategies contained herein may not be suitable for your situation. You should consult with a professional when appropriate. Neither the publisher nor the author shall be liable for any loss of profit or any other commercial damages, including but not limited to special, incidental, consequential, personal, or other damages.

Book Cover by Nicolene Luff
Illustrations by Nicolene Luff
ISBN: 979-8-9923945-1-1

1
een

een kameelperd

Daar staan

<u>een</u> groot

wit renoster.

2
twee

twee gemsbokke

Hulle het <u>twee</u> panda bere by die dieretuin.

3
drie
---
drie zebras

Daar is <u>drie</u> aasvoëls by die boom.

4
vier
---
vier
klaasneusmuise

Daar is vier wildehonde in hierdie trop.

5
vyf
vyf luiperde

Hulle het vyf tiere by die park.

6
ses

ses seekoeie

Daar draf <u>ses</u> vlakvarke met hul sterte in die lug.

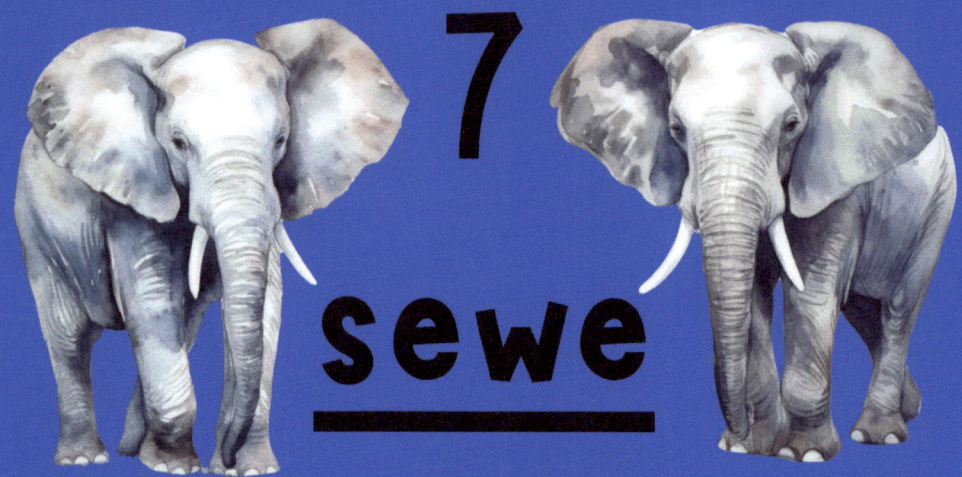

7
sewe

sewe olifante

Daar is <u>sewe</u> leeus in die trop.

8
agt
agt uile

Agt takbokke kom wei in ons tuin.

<u>N</u>ege apies speel op die eiland.

Ek sien tien meerkatte by hul nes.

Elf miere dra kos na hul nes.

Dertien
wasbeertjies kom kuier saans by ons.

Daar vlieg

veertien
---
vlermuise.

Hier kom <u>vyftien</u> blouwildebeeste aan.

Sestien springbokkies.

Sewentien
---
robbe.

Agtien jakkalse.

Negentien
---
krokodille.

twintig en een
is
een en twintig

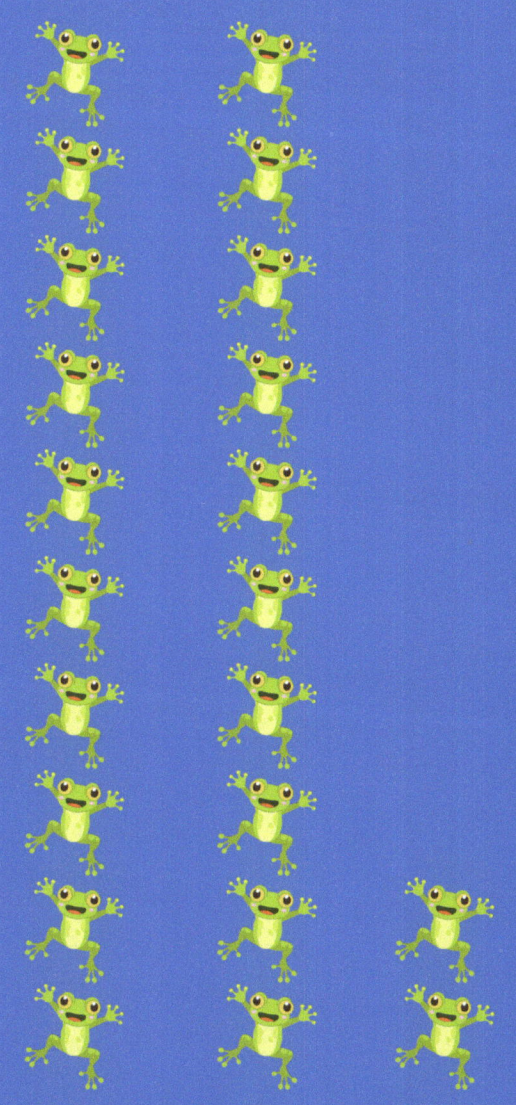

twintig en twee
is
twee en twintig

twintig en drie
is
drie en twintig

twintig en vier
is
vier en twintig

**twintig en vyf
is
vyf en twintig**

twintig en ses is ses en twintig

twintig en sewe
is
sewe en twintig

twintig en agt
is
agt en twintig

twintig en nege is nege en twintig

drie tiene is dertig

Dolfyne kan gemiddeld dertig jaar lank leef.

Sommige vroulike jagluiperde kan dertig kilogram weeg.

Ysbere kan dertig kilometer per uur hardloop.

Grizzlybere kan dertig myl per uur hardloop.

Sjimpansees kan dertig jaar oud word.

This book is part of a series of books
that focus on
counting in Afrikaans;

Ek TEL in Afrikaans met VORMS, nommers 1 - 10

Ek TEL in Afrikaans met PLANTE, nommers 1 - 20

Ek TEL in Afrikaans met DIERE, wilde diere, nommers 1 - 30

Ek TEL in Afrikaans met DIERE, mak diere, tel met 10'e tot 100

Be on the lookout for more Afrikaans reading
& activity books!

Ek LEES in Afrikaans
Ek SKRYF in Afrikaans
Ek BID in Afrikaans
& more!

Find them on

Amazon
&
southafricantreasures.com

Follow us on Instagram
@southafrican_treasures

Let Afrikaans live on in you!